AF566498

Michael Schauer
TEREX-DEMAG
Auto- und Raupenkrane

Verlag Podszun-Motorbücher GmbH
Elisabethstraße 23-25, D-59929 Brilon
Herstellung Druckhaus Cramer, Greven
Internet: www.podszun-verlag.de
Email: info@podszun-verlag.de
ISBN 978-3-86133-513-9

Michael Schauer

TEREX-DEMAG

Auto- und Raupenkrane

Inhalt

Vorwort

Wieder einmal ist es soweit, nach mehreren Tausend Kilometern Autofahrt und unzähligen Fotos gebe ich in diesem Bildband einen kleinen Überblick über das aktuelle Programm von Terex-Demag Kranen, aber auch Krane aus den letzten 15 Jahren werden gezeigt und beschrieben. Die Betonung liegt auf kleinen Überblick, denn „ältere Krane" wurden mit Blick auf den Umfang des Buches zurückgestellt. So entstand eine bunte Mischung aus Terex-Demag Kranen aus dem In- und Ausland, die Modellbauern und Kraninteressierten viele neue Einblicke in die Welt der Terex-Demag Krane geben soll.

Das aktuelle Programm der Terex-Demag Krantypen bestand im Jahr 2008 aus 19 Teleskop-Autokranen mit Hubleistungen von 30 bis 700 t und 14 Geräten mit Gittermastausleger mit Hublasten von 50 bis 1600/3200 t.

Seit über 50 Jahren baut Terex-Demag Mobilkrane und ist in Sachen Mobilkrantechnik immer vorne dabei. So kann man bei Terex-Demag auf einige „Kranrekorde" zurückblicken. Da wäre 1950 der erste Teleskopkran V 2500 mit einer Traglast von 2,5 t oder der CC 4000 Gittermast-Raupenkran mit 800 t Tragfähigkeit im Jahr 1979.

Im Jahr 1990 gab es bei Demag wieder einen Grund zu feiern, mit der Vorstellung des AC 1600 Teleskop-Autokrans als weltweit stärkstem 500-Tonner. So könnte man an dieser Stelle noch einige Seiten füllen mit Innovationen und Rekorden.

Bedingt durch die Bauart und die Ausstattung kann es immer wieder zu Unterschieden in den technischen Daten kommen. Allein durch Weiterentwicklung der Krane und Sonderwünsche von Kunden sind bei den aufgeführten Daten Abweichungen möglich. Schon beim Durchsehen von Prospekten verschiedener Jahrgänge eines Krans kam es zu Unstimmigkeiten von Ausstattung und technischen Daten. Die aufgeführten technischen Informationen in diesem Buch sollen nur „grob" darstellen, was die einzelnen Krane an ihren Einsatzorten im Stande sind zu leisten.

Mein Dank geht hier an Stephan Bergerhoff für die hilfreiche Unterstützung.

Michael Schauer

TEREX-DEMAG AC 40
Teleskop-Autokran

Technische Daten

Motor Unterwagen	279 PS
Gewicht Kran bei Straßenfahrt	32 t
Abstützbasis	6,35 x 6,20 m
Maximale Auslegerlänge	44,20 m
Maximale Hublast	40 t
Maximaler Ballast Oberwagen	5,4 t

Hubarbeiten zum Austausch eines Trafos für die Stadtwerke Lippstadt. Der Trafo am Haken des Terex-Demag AC 40 der Firma Bracht kommt auf ein Gewicht von etwa 2,5 t.

Terex-Demag AC 40 City

Der Terex-Demag AC 40 ist mit seinen kompakten Ausmaßen der optimale Kran für enge Innenstädte. Der 40-Tonner hat eine Transportlänge von 8,57 m und wird durch einen Motor von Daimler Chrysler OM 906 LA mit 279 PS im Unterwagen angetrieben. Alle Achsen sind angetrieben und gelenkt. Der City-Kran mit seinem 31,20 m langen Teleskopausleger kommt auf eine Fahrgeschwindigkeit von 85 km/h, mit der Bereifung 445/65 R22,5. Das 5,4 t schwere Gegengewicht muss nicht zur Straßenfahrt abgesetzt werden und ist am Oberwagen fest montiert. Für Einsätze in Hallen oder anderen in der Höhe begrenzten Arbeitsräumen ist der Kran mit einer 1,20 m langen Schwerlastmontagespitze ausgerüstet.

Roter Unterwagen, grüner Oberwagen, das sind die Hausfarben der Firma Telekraft aus Duisburg/Walsum. Neben dem AC 40 stehen bei Telekraft Teleskop-Autokrane mit einer Hubkraft von 25 bis 400 t zur Verfügung.

AC 40 City der Firma Gertzen, aufgebaut zu Demonstrationszwecken für eine Gewerbeschau in Kluse im Emsland.

Zum Abschluss noch drei Fotos des AC 40 City aus dem Fuhrpark der Firma Gertzen im Emsland.

TEREX-DEMAG AC 40-1

Teleskop-Autokran

Technische Daten

Motor Unterwagen	279 PS
Gewicht Kran bei Straßenfahrt	32 t
Abstützbasis	6,35 x 6,20 m
Maximale Auslegerlänge	44,20 m
Maximale Hublast	40 t
Maximaler Ballast Oberwagen	5,4 t

Die Firma Peterburs mit Sitz in Rheda-Wiedenbrück bietet mit etwa 18 Autokranen Hubleistungen von 25 bis 200 t an. Neben einem AC 60 City sind auch zwei AC 40-1 City im Kran-Programm. Der AC 40-1 kommt bei einer Ausladung von 3 m auf die maximale Hublast von 40 t. Der Kran mit einer Gesamtlänge von 8,57 m und einem Gesamtgewicht von 32,1 t wird durch einen MB-Motor mit einer Leistung von 279 PS angetrieben. Der 31,20 m lange Teleskopausleger lässt sich durch den Anbau einer 7,10 bis 13 m langen Auslegerverlängerung auf die maximale Länge von 44,20 m bringen. Bei dem AC 40-1 der Firma Peterburs werden die erste und letzte Achse angetrieben, alle drei Achsen sind gelenkt. Das Allison-Getriebe verfügt über sechs Vorwärts- und einen Rückwärtsgang. Die Höchstgeschwindigkeit beträgt 80 km/h.

Bestens vorbereitet für niedrige Tordurchfahrten und Einsätze in Hallen ist der AC 40-1 City der Firma Canisius durch die montierten Reifen der Größe 445/65 R22.5.

TEREX-DEMAG AC 50-1
Teleskop-Autokran

Technische Daten

Motor Unterwagen	324 PS
Gewicht Kran bei Straßenfahrt	36 t
Abstützbasis	6,85 x 6,40 m
Maximale Auslegerlänge	57,60 m
Maximale Hublast	50 t
Maximaler Ballast Oberwagen	9,5 t

Bei einer Ausladung von 3 m kommt der Terex-Demag auf seine maximale Tragfähigkeit von 50 t. Der Motor im Unterwagen von Daimler Chrysler, ein OM 926 LA, versorgt mit seinen 324 PS den Oberwagen mit. Bei einer Transportlänge von 11,20 m kommt der Kran auf eine maximale Fahrgeschwindigkeit von 80 km/h auf der Straße. Alle drei Achsen des E&S Planbau Krans sind angetrieben und gelenkt. Das Fahrzeug lässt sich aus der Oberwagenkabine auf der Baustelle verfahren. 17,60 m misst die Hauptauslegerverlängerung für den 40 m langen Teleskopausleger.

TEREX-DEMAG AC 55

Teleskop-Autokran

Technische Daten

Motor Unterwagen	324 PS
Gewicht Kran bei Straßenfahrt	36 t
Abstützbasis	6,65 x 6,50 m
Maximale Auslegerlänge	60 m
Maximale Hublast	55 t
Maximaler Ballast Oberwagen	8,9 t

Im Sauerland bei der Firma Blüggel versieht dieser AC 55 City seinen Dienst. Der Kran wird durch einen Motor mit sechs Zylindern von Daimler Chrysler mit 324 PS in Bewegung gehalten. Die maximale Fahrgeschwindigkeit beträgt 85 km/h. Der Teleskopausleger besteht aus Grundkasten und sechs Teleskopen, er kommt somit auf eine Länge von 40 m. 3,6 t des Ballasts sind im Oberwagen integriert, 5,3 t können als Zusatzgegengewicht angebaut werden. Die zweiteilige Hauptauslegerverlängerung lässt sich durch ein 6,20 m langes Segment auf 60 m Systemlänge bringen. Die Standardbereifung auf den sechs gelenkten Rädern beträgt 14.00 R25, als Zusatzausrüstung werden Reifen der Größe 16.00 R25 und 17.5 25 angeboten. Ebenso wie der vierachsige AC 70 wird auch dieser City-Kran von Terex-Demag inzwischen nicht mehr angeboten.

TEREX-DEMAG AC 80-2

Teleskop-Autokran

Technische Daten

Motor Unterwagen	428 PS
Gewicht Kran bei Straßenfahrt	48 t
Abstützbasis	7,70 x 7,00 m
Maximale Auslegerlänge	67,60 m
Maximale Hublast	80 t
Maximaler Ballast Oberwagen	18 t

Hervorragende Fahreigenschaften dank des drehmomentstarken Daimler-Chrysler-Motors in Verbindung mit einem komfortablen Sechs-Gang-Allison-Automatikgetriebe sorgen (bei bis zu 80 km/h) für ein zügiges Vorankommen. Der kürzeste Vierachser seiner Klasse kommt auf eine Transportläne von 12,11 m bei einer Unterwagenlänge von 9,97 m. Die maximale Tragfähigkeit des Terex-Demag AC 80-2 beträgt 80 t bei einer Ausladung von 3 m. 8 t Gegengewicht und 9,20 m Hauptauslegerverlängerung können innerhalb der 12 t Achslast mitgeführt werden. Der 428 PS starke OM 501 LA-Motor versorgt Unter- und Oberwagen mit seiner Antriebskraft.

WIEMAN
AUTOKRANE
WIEMANN
AUTOKRANE
WIEMANN
TEREX
AUTOKRANE
WIEMANN
TEREX
80
Automobile

WIEMANN
AUTOKRANE
WIEMANN
TEREX DEMAG
80
DO HW 70

DEMAG AC 100
Teleskop-Autokran

Technische Daten

Motor Unterwagen	476 PS
Motor Oberwagen	171 PS
Gewicht Kran bei Straßenfahrt	60 t
Abstützbasis	7,10 x 7,00 m
Maximale Auslegerlänge	83 m
Maximale Hublast	100 t
Maximaler Ballast Oberwagen	32 t

100 t Traglast bei 3 m Ausladung sind mit dem Fünfachser am Einsatzort möglich. Der fünfteilige Teleskopausleger kann bei Bedarf auf eine Länge von 50,20 m austeleskopiert werden. Um noch „höhere" Hubarbeiten auszuführen, ist der Ausleger mit einer Klappspitze von 9,10 bis 33 m zu verlängern. Der MB OM 502 LA-Motor mit 476 PS treibt vier der fünf Achsen an. Die Fahrgeschwindigkeit des 60 t schweren Krans beträgt 85 km/h. Im Oberwagen stehen 171 PS aus einem MB OM 904 LA zur Verfügung.

Die eigenwillige rot-weiße Lackierung lässt auf einen bekannten Kranhändler aus dem Ruhrgebiet schließen, der auch mehrere neue Krane langzeitvermietet.

DEMAG AC 395
Teleskop-Autokran

Technische Daten

Motor Unterwagen	503 PS
Motor Oberwagen	153 PS
Gewicht Kran bei Straßenfahrt	60 t
Abstützbasis	7,65 x 7,50 m
Maximale Auslegerlänge	77 m
Maximale Hublast	120 t
Maximaler Ballast Oberwagen	30 t

Am Betriebsgelände in Spannse Polder, einem Ortsteil von Rotterdam, präsentiert sich hier der 120-Tonner AC 395 von De Gier. Der Kran mit seinem sechsteiligen Ausleger kommt auf eine Länge von 60 m. Die Kraft für die Hydraulik im Oberwagen stammt aus einem DB OM 366 A-Motor mit 175 PS. Acht der zehn Räder am Unterwagen werden durch einen DB OM 442 LA angetrieben, acht Räder sind gelenkt. Die maximale Fahrgeschwindigkeit beträgt 74 km/h für den 60 t schweren Kran. Der 11,98 m lange Unterwagen kommt auf einen äußeren Wenderadius von 10,95 m. Der innere Wenderadius liegt bei 5,60 m.

DEMAG AC 120

Teleskop-Autokran

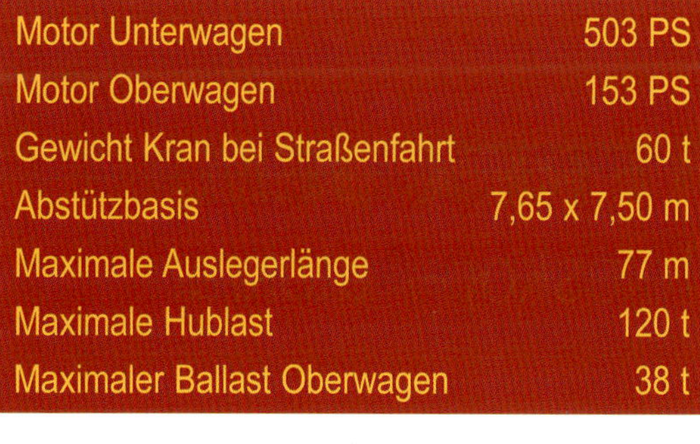

Technische Daten

Motor Unterwagen	503 PS
Motor Oberwagen	153 PS
Gewicht Kran bei Straßenfahrt	60 t
Abstützbasis	7,65 x 7,50 m
Maximale Auslegerlänge	77 m
Maximale Hublast	120 t
Maximaler Ballast Oberwagen	38 t

Zum Fuhrpark der Firma Hoffmann aus Paderborn gehört dieser Terex-Demag AC 120. Der Kran mit seinem 60 m langen Teleskopausleger wird im Unterwagen durch einen DB-Motor mit 503 PS angetrieben. 153 PS leistet der DB-Motor im Oberwagen. Das ZF-Transmatik-Getriebe verfügt über 14 Vorwärts- und zwei Rückwärtsgänge und sorgt für Geschwindigkeiten von bis zu 74 km/h. Der AC 120 kommt bei 3 m Ausladung und den 38 t Ballast auf seine maximale Traglast von 120 t. Das 11,98 m lange Fahrzeug kommt dank der vier gelenkten Achsen auf einen Wenderadius von 10,95 m.

TEREX-DEMAG AC 120-1

Teleskop-Autokran

Technische Daten

Motor Unterwagen	476 PS
Motor Oberwagen	175 PS
Gewicht Kran bei Straßenfahrt	60 t
Abstützbasis	7,21 x 7,00 m
Maximale Auslegerlänge	92 m
Maximale Hublast	120 t
Maximaler Ballast Oberwagen	40,4 t

Im Sauerland beheimatet ist dieser Terex-Demag AC 120-1 der Firma Blüggel. Im fahrbereiten Zustand kommt der Kran auf eine Länge von 14,18 m, mit abgelegtem Teleskopausleger über der Fahrerkabine. Der fünfachsige Unterwagen ist 11,17 m lang und 2,75 m breit. Der Teleskopausleger lässt sich auf eine Länge von 60 m ausfahren und mit einer Hauptauslegerverlängerung von 9,10 m bis 33 m ausrüsten. Vier der fünf Achsen sind angetrieben und lenkbar, die mittlere Achse ist starr und nicht angetrieben. Sie kann jedoch angehoben werden, um dem Kran eine große Wendigkeit beim Rangieren zu ermöglichen. Die Motoren im Terex-Demag All-Terrain-Crane kommen beide von Daimler Chrysler, im Unterwagen sorgt ein OM 502 LA mit 476 PS für Bewegung. Im Oberwagen schlägt die Kraft eines OM 904 LA mit einer Leistung von 175 PS zu.

TEREX-DEMAG AC 160-1

Teleskop-Autokran

Technische Daten

Motor Unterwagen	516 PS
Motor Oberwagen	175 PS
Gewicht Kran bei Straßenfahrt	60 t
Abstützbasis	8,23 x 7,50 m
Maximale Auslegerlänge	96,90 m
Maximale Hublast	160 t
Maximaler Ballast Oberwagen	49,8 t

Nach der Montage eines Hochspannungsmastes mittels AC 350 wird dieser durch einen AC 160-1 der Firma Ulferts in den Straßen verfahrbaren Zustand zurückversetzt.

AC 160-1 bei der Anfahrt zur Baustelle. Der 160-Tonner kommt bei 3 m Ausladung auf seine maximale Traglast. Der 63,90 m lange Teleskopausleger kann mit einer 33 m langen Auslegerverlängerung auf 96,90 m Systemlänge gebracht werden. Der Motor im Unterwagen mit 516 PS von DB, Typ OM 502 LA, beschleunigt den 60 t schweren Kran bis auf eine Geschwindigkeit von 85 km/h. Im Oberwagen bewegt die Kraft eines DB OM 904 LA mit 175 PS den sechsteiligen Teleskopausleger. Der fünfachsige Unterwagen hat die Länge von 12,35 m, dabei misst der Oberwagen 15,12 m mit abgelegtem Ausleger über der Fahrerkabine.

Bei 49,8 t Oberwagenballast ist es erforderlich, diesen gesondert zum Einsatzort zu bringen. In diesem Falle übernimmt das u.a. ein DC 2650 6x4 mit 500 PS und Fünfachs-ESGE-Hochsattelauflieger.

TEREX-DEMAG AC 200-1

Teleskop-Autokran

Technische Daten

Motor Unterwagen	516 PS
Motor Oberwagen	231 PS
Gewicht Kran bei Straßenfahrt	60 t
Abstützbasis	8,44 x 8,20 m
Maximale Auslegerlänge	101 m
Maximale Hublast	200 t
Maximaler Ballast Oberwagen	69 t

Ein wassergekühlter Achtzylinder-Daimler Chrysler-Dieselmotor vom Typ OM 502 LA mit einer Leistung von 516 PS sorgt für den Antrieb im Unterwagen des Terex-Demag AC 200-1. Der 68 m lange, siebenteilige Teleskopausleger kann durch Anbau einer 33 m langen Hauptauslegerverlängerung 101 m Systemlänge erreichen.

Der Oberwagenballast des Terex-Demag AC 200-1 mit einem Gewicht von 69 t besteht aus acht Teilen zwischen 5,7 und 12,8 t Gewicht. Über eine enorme Wendigkeit verfügt der 12,60 m lange Unterwagen durch die vier gelenkten Achsen. Der wassergekühlte Sechszylinder-Daimler Chrysler-Dieselmotor OM 909 mit einer Leistung von 23 PS bezieht den benötigten Kraftstoff aus dem 500 l fassenden Tank im Unterwagen. Mit den Reifen der Größe 14.00 R25 schafft der AC 200-1 Fahrgeschwindigkeiten von 85 km/h.

Das Ballastfahrzeug zum Terex-Demag AC 200-1 der Firma Steil aus Trier besteht aus MAN 26.464 6x4 und einem ESGE-Fünfachs-Hochsattelauflieger.

TEREX-DEMAG AC 200-1 TP

Teleskop-Autokran

Technische Daten

Motor Unterwagen	516 PS
Motor Oberwagen	175 PS
Gewicht Kran bei Straßenfahrt	60 t
Abstützbasis	8,23 x 7,50 m
Maximale Auslegerlänge	96,90 m
Maximale Hublast	160 t
Maximaler Ballast Oberwagen	49,8 t

Terex-Demag AC 200-1 TP. Dieser AC 200-1 bewegt sich im Straßenverkehr auf einem sechsachsigen Unterwagen mit zusätzlich am Heck angebolzter Achse. So wurde die Nutzlast des Unterwagens um 12 t gesteigert und liegt jetzt bei 84 t, die zum zusätzlichen Transport von Ballast genutzt werden kann. Die zusätzlich angebolzte Achse ist hydraulisch zwangsgelenkt.

DEMAG AC 300

Teleskop-Autokran

Technische Daten

Motor Unterwagen	233 PS
Motor Oberwagen	570 PS
Gewicht Kran bei Straßenfahrt	72 t
Abstützbasis	8,47 x 8,50 m
Maximale Auslegerlänge	124 m
Maximale Hublast	300 t
Maximaler Ballast Oberwagen	100 t

Beim AC 300, hier in der Farbgebung der Firma Bruns, werden die zweite, fünfte und sechste Achse von einem DB-Motor mit 570 PS angetrieben. Die drei vorderen und die hinteren beiden Achsen sind gelenkt. Der sechsrädrige Kran kommt mit einer Länge von 16,84 m auf die Straße. Auf der Baustelle kann der Kran seinen fünfteiligen Teleskopausleger bis auf eine Länge von 59 m ausfahren. Er kann dann noch um 65 m mit einer Klappspitze verlängert werden.

Der Transport des Ballasts vom AC 300, der je nach Einsatzbedingungen bis zu 100 t erreichen kann, wird von mehreren begleitenden Fahrzeugen ausgeführt. Zum einen von einem DC Actros 2657 6x4 mit sechsachsigem Goldhofer-Hochsattelauflieger (oben und Mitte links) und zum anderen mit einem MAN 33.463 und Fünfachs-Auflieger, ebenfalls von Goldhofer (Mitte rechts und unten).

Die silberfarbene Lackierung steht dem AC 300 der Firma Meier Krane nicht schlecht. Der Kran wird im Oberwagen mit einem DB-Motor mit einer Leistung von 233 PS angetrieben. Das Fahrzeug bewegt sich auf Reifen der Größe 16.00 R25 und schafft Geschwindigkeiten von 70 km/h.

Zum Transport von Ballast und Zurüstteilen wird unter anderem bei der Firma Meier Krane dieser MAN/ÖAF FE 600 A 8x4 eingesetzt.

Das Einsatzgebiet dieses 300-Tonners der Firma Telekraft ist das Ruhrgebiet. Der AC 300 wurde seit 1996 bei Demag in Zweibrücken gebaut.

DEMAG AC 1200

Teleskop-Autokran

Technische Daten

Motor Unterwagen	550 PS
Motor Oberwagen	205 PS
Gewicht Kran bei Straßenfahrt	84 t
Abstützbasis	10,46 x 10,00 m
Maximale Auslegerlänge	135,9 m
Maximale Hublast	350 t
Maximaler Ballast Oberwagen	122 t

350 t beträgt die maximale Traglast des Demag AC 1200, hier in der Lackierung der Firma Telekraft. Der Siebenachser wird durch einen 550 PS starken DB OM 442 LA im Unterwagen angetrieben. Das 84 t schwere Fahrzeug bewegt sich auf Reifen der Größe 14.00 R25. Sechs Räder bringen die Motorkraft auf die Straße. Fahrgeschwindigkeiten von 75 km/h sind möglich. Der fünfteilige Teleskopausleger kommt auf eine Länge von 15 bis 57,90 m und kann bei Bedarf um 78 m mit einer Wippspitze verlängert werden. Die Kraft im Oberwagen stammt aus einem DB OM 366 LA mit 205 PS. Die 122 t Ballast müssen gesondert zum Einsatzort gebracht werden.

TEREX-DEMAG AC 350

Teleskop-Autokran

Technische Daten

Motor Unterwagen	609 PS
Motor Oberwagen	279 PS
Gewicht Kran bei Straßenfahrt	72 t
Abstützbasis	8,48 x 8,50 m
Maximale Auslegerlänge	126,3 m
Maximale Hublast	350 t
Maximaler Ballast Oberwagen	142 t

Auf der Bauma 2004 in München wurde der Terex-Demag AC 350 vorgestellt, hier in den Hausfarben der Firma Hofmann aus Paderborn. Der kompakte Sechsachser mit einer Hubkraft von 350 t kommt auf eine Transportlänge von 16,70 m auf der Straße. Durch den angebauten seitlichen Superlift (SSL) ist es möglich, auch schwere Lasten mit weiten Ausladungen zu heben. Das Standard-Gegengewicht von 52 t (inklusive Grundrahmen) ist auf bis zu 142 t erweiterbar. Von den sechs Achsen werden die zweite, die dritte, die fünfte und die sechste von einem wassergekühlten Achtzylinder-Daimler Chrysler-Dieselmotor mit 609 PS angetrieben. Die erste, zweite, dritte, fünfte und sechste Achse sind gelenkt. Im Oberwagen sorgt ein 279 PS starker Sechszylinder von Daimler Chrysler für die nötige Kraft, um den 56 m langen Hauptausleger zu bewegen.

Diese zehnachsige Kombination, bestehend aus einer DB 3553 8x4x4 mit 530 PS und dem mit Ballast beladenen Goldhofer-Tieflader, kommt auf eine Nutzlast von 66,6 t.

Diese beiden DC Actros 3354 6x4 und DC Actros 3353 6x4 befördern auf ihren ESG-Hochsattelaufliegern weiteren Ballast für den Terex-Demag AC 350.

Der Demag AC 350 beim Einheben von Betonbindern. Das Gewicht der Betonteile lag zwischen 40 und 70 t. Für diese Gewichte wurde der Kran mit Superlift (SSL) und voller Ballastierung (142 t) eingesetzt.

Verladen eines 65 t schweren Behälters an einem kühlen Samstagmorgen im März 2008 am Dortmund-Ems-Kanal in Hiltrup bei Münster. Der AC 350 von der Firma Wiemann wird bei der Hubarbeit unterstützt von einem Liebherr LTM 1220-5.2, Baujahr 2006.

Der Sechsachser nach getaner Arbeit in Fahrstellung.

Das Ballastfahrzeug zum AC 350 von der Firma Wiemann besteht aus einem MAN 41.503 8x4 und einem gesattelten Fünfachs-Drumann-Auflieger mit 67 t zulässigem Gesamtgewicht.

Das zweite Ballastfahrzeug zum AC 350 des Dortmunder Kranvermieters Wiemann besteht aus einem fünfachsigen ESGE-Hochsattelauflieger, der durch einen MAN 26.464 gezogen wird.

AC 350 und LTM 1220-5.2. beim Verladen von Biertanks im Dortmunder Hafen

Abgestellt auf dem Rastplatz Münsterland wurde der Terex-Demag AC 350 der Firma Hedi Hebetechnik aus Dortmund.

Etwa 219 t hängen an den beiden Kranen der Firma Breuer&Wasel. Bei dem Hubeinsatz des Terex-Demag AC 350 und einem Liebherr LTM 1400-7.1 mussten drei Pressenteile mit den Gewichten von zweimal etwa 219 t und einmal 165 t umgeschlagen werden.

Der Terex-Demag AC 350 kurz nach der Ankunft in Hannoversch Münden an der Weser.

Eines der Ballastfahrzeuge zum AC 350 von Breuer&Wasel bestehend aus DC Actros 2654 und fünfachsigem ESGE-Auflieger.

Nachdem die Firma Goll in der Nacht zuvor ein schon bearbeitetes Pressenteil aus Hessisch-Lichtenau bei Kassel zum Verladen zur Weser bei Hannoversch Münden gebracht hat, musste dieses etwa 166 t schwere Bauteil erst zwischen den beiden Kranen gesetzt werden, um eines der beiden etwa 219 t schweren, unbearbeiteten Pressenteile wieder auf dem Tieflader der Firma Goll als Retoure-Transport nach Hessisch-Lichtenau bringen zu können. Das zweite Teil wurde auf „Elefantenfüßen" gelagert, bis es am nächsten Tag verladen und zu seinem Bestimmungsort gebracht werden konnte.

AC 350 von Terex-Demag und LTM 1400-1 von Liebherr verladen eins von zwei Stahlbauteilen, die zuvor mit den beiden Motorgüterschiffen „Paloma“ und „Marcel“ aus Rotterdam gekommen sind und nach Hannoversch Münden gebracht werden.

Vorsichtig hieven die Krane das 166-t-Metallteil in den „Bauch“ des Schiffes.

Zwei Krane, zwei Schiffe, drei Teile an der Weser-Umschlagstelle an der B80 in Hannoversch Münden.

An dieser Stelle ein Blick auf Amerika, wo Krantechnik „Made in Germany“ immer mehr an Bedeutung gewinnt. AC 350 bei der Firma Sterling aus Canada. Die Fotos entstanden bei Arbeiten in einem Windpark in Cheyenne im US-Bundesstaat Wyoming. Die Firma Sterling betreibt Niederlassungen in den Nachbarstaaten Colorado und Nevada.

Aus den Niederlanden, genauer gesagt aus Rotterdam, kommt dieser Terex-Demag AC 350 in der auffälligen gelb/blauen Lackierung. Leser, die mehr über Krane und Schwertransporte aus den Niederlanden erfahren möchten, sollten unbedingt in das Buch „Schwertransporte und Kranfahrzeuge aus Holland“ schauen, welches bereits im Verlag Podszun erschienen ist.

So auffällig wie der Kran in seinem Erscheinungsbild ist auch das Ballastfahrzeug zum AC 350 der Firma De Gier aus Rotterdam. Der Nooteboom-Hochsattelauflieger OVB-102-06, gebaut für ein Gesamtgewicht von 102 t, wird gezogen von einem vierachsigen DAF XF 105.510.

100 m hat der neue Hochspannungsmast an der Ems zwischen Papenburg und Leer. Zur Montage der einzelnen Leitungen an die Isolatoren der Hochspannungsleitung errichtete die Firma Ulferts ihren Terex-Demag AC 350 mit Wippausleger. Schön zu erkennen sind die eingeschlagenen Räder der Allradlenkung beim Rangieren des AC 350 auf der Baustelle (oben).

72 t auf dem Weg zur gegenüberliegenden Uferseite der Ems, um auch dort einen neuen Hochspannungsmast zu montieren. Die neuen und höheren Hochspannungsmasten wurden nötig, um das Überführen von Kreuzfahrtschiffen einer Werft aus Papenburg zur Nordsee zu vereinfachen.

Eine interessante Perspektive bietet hier der 350-Tonner in der Vorbereitung zum Standortwechsel.

Fünfachs-ESGE-Hochsattelauflieger mit DC 2650 und…

...2658 mit Fünfachs-Nooteboom-Auflieger transportieren Ballast und Gittermastteile für den Wippausleger sowie alles, was die Mannschaft braucht, um den AC 350 betriebsbereit einzurichten.

Terex-Demag AC 350.

Die abschließenden drei Fotos zeigen einen DC 2657 6x4 mit vierachsigem Nooteboom-Auflieger beim Transport von Kranzubehör des Demag AC 350 der Firma Ulferts.

DEMAG AC 1300
Teleskop-Autokran

Technische Daten

Motor Unterwagen	550 PS
Motor Oberwagen	233 PS
Gewicht Kran bei Straßenfahrt	84 t
Abstützbasis	10,46 x 10,00 m
Maximale Auslegerlänge	135,9 m
Maximale Hublast	400 t
Maximaler Ballast Oberwagen	122 t

Mit der Fahrzeug-Identnummer 100 ist der Demag AC 1300 der Firma Franz Bracht aus Erwitte auf den Baustellen in Europa anzutreffen. Der siebenachsige, 84 t schwere 400-Tonner kommt mit seinem fünfteiligen Teleskopausleger auf eine Höhe von 57,90 m. Die vorderen beiden Stützholme werden seitlich ausgeklappt, während die hinteren Stützen ebenso hydraulisch ausgeschoben werden. Während Autokrane bis zu 500 t Traglast fast immer eine Abstützung in H-Form aufweisen und größere Krane meist eine sternförmige Abstützung, ergibt sich hier eine Stützbasis von 10,46 x 10,00 m in K-Form.

Auch die Firma Fahrenholz hatte einen Demag AC 1300 im Programm, angetrieben durch Motoren von DB. Im Unterwagen ein Achtzylinder mit 550 PS, Typ OM 442 LA, und im Oberwagen ein OM 366 LA mit 233 PS.

Als Zusatzausrüstung gibt es für den 400-Tonner Demag AC 1300 die lastmomentsteigernde Super-Lift-Einrichtung. Diese besteht aus der Auslegerabspannvorrichtung und einem Zusatzgegengewicht von 26 t. Die Auslegerabspannvorrichtung mit automatischem Seilausgleich beim Teleskopieren wird bei Nichtverwendung und beim Transport auf den Ausleger abgelegt. Die rückwärtige Abspannung besteht aus Stangen, die sich automatisch in Arbeits- und Transportposition falten.

Eines der Ballastfahrzeuge zum AC 1300 von der Firma Fahrenholz, beladen mit einem Teil des 122 t wiegenden Ballasts.

DEMAG AC 400

Teleskop-Autokran

Technische Daten

Motor Unterwagen	550 PS
Motor Oberwagen	233 PS
Gewicht Kran bei Straßenfahrt	84 t
Abstützbasis	10,46 x 10,00 m
Maximale Auslegerlänge	135,9 m
Maximale Hublast	400 t
Maximaler Ballast Oberwagen	122 t

Auf 65 km/h beschleunigt der DB-Motor mit seinen 550 PS den AC 400 auf dem Weg zu den Hubeinsätzen. Der siebenachsige Kran bewegt sich auf einer Bereifung der Größe 14.00 R25. Angetrieben werden die zweite, die dritte und die sechste Achse. Acht Achsen sind gelenkt. Der Motor im Oberwagen, ein DB mit 233 PS Leistung, sorgt für die Bewegung des fünfteiligen Teleskopauslegers, der eine Länge von 57,90 m erreichen kann. Der 96 t schwere Grundballast kann um 26 t erhöht werden.

Der Demag AC 400 der Firma Bäumer bei Verladearbeiten eines Gottwald-Hafenkrans in Düsseldorf-Reichholz.

Eines der Ballastfahrzeuge zum Demag AC 400 von Bäumer mit MAN 41.502 und zweiachsigem Container-Auflieger.

DEMAG AC 1600
Teleskop-Autokran

Technische Daten

Motor Unterwagen	560 PS
Motor Oberwagen	286 PS
Gewicht Kran bei Straßenfahrt	108 t
Abstützbasis	12,00 x 12,00 m
Maximale Auslegerlänge	140 m
Maximale Hublast	500 t
Maximaler Ballast Oberwagen	140 t

Der AC 1600 kam 1990 als weltweit stärkster Teleskop-Autokran mit 500 t Hublast auf die Baustellen rund um den Globus. Der 108 t schwere Kran wird durch einen DB OM 443 LA-Motor mit 560 PS im Unterwagen angetrieben und kommt auf eine Höchstgeschwindigkeit von 65 km/h. Vier der neun Achsen sind angetrieben, alle Achsen sind mit Reifen der Größe 14.00 R25 ausgerüstet und lenkbar. Die Leistung des DB OM 447 A mit 286 PS sorgt im Oberwagen für Kraft an den Hydraulikpumpen. Um die 500 t bei 3 m Ausladung heben zu können, müssen zu den 98 t Grundballast noch 42 t Zurüstballast angebaut werden.

Der AC 1600 der Firma Gebrüder Markewitsch aus Nürnberg. Der Kran kommt auf eine Transportlänge von 20,77 m. Am 50 m langen Hauptausleger kann eine 18 bis 90 m lange wippbare Gitterspitze angebracht werden.

Zum AC 1600 von Markewitsch gehört auch dieses interessante Ballastfahrzeug aus MAN 35.422 8x4 …

…und diesem fünfachsigen Anhänger vom Fahrzeughersteller Fahrzeugbau Memmingen, beladen mit einem Teil der 140 t Ballast und Zurüstteilen.

Demag Kran AC 1600 bei Hubarbeiten zum Verschiffen eines Trafos im Hafen von Nürnberg.

Im frisch lackierten Zustand präsentiert sich hier ein AC 1600 der Firma Mammoet (oben und Mitte links). Das dazugehörige Ballastfahrzeug besteht aus DB 4044 8x4x4 und einem Nooteboom-Sechsachs-Hochsattelauflieger vom Typ OVB-102-06 für ein Gesamtgewicht von 102 t (Mitte rechts und unten).

In den Farben Blau und Weiß präsentiert sich hier ein Demag AC 1600 der Firma Baldwins aus England.

Der 500-Tonner der Firma Bracht bei der Montage eines Flügels für ein Windrad im Sauerland. Dem vierteiligen, bis zu 50 m langen Teleskopausleger wurde ein Teil der 90 m langen Wippspitze für die Errichtung des Windrads angebaut.

Auch die Firma Breuer MaxiMum hatte den Demag AC 1600 im Programm. Der Kran kommt auf eine Gesamtlänge von 20,77 m mit abgelegtem Ausleger über der Fahrerkabine. Die Unterwagenlänge beträgt 17,92 m. Bei einer Breite von 3 m hat der Kran einen Wenderadius von nur 9 m. Durch die neun gelenkten Achsen ist es dem Fahrzeug möglich, auch „enge" Einsatzorte zu erreichen.

TEREX-DEMAG AC 500-1

Teleskop-Autokran

Technische Daten

Motor Unterwagen	610 PS
Motor Oberwagen	279 PS
Gewicht Kran bei Straßenfahrt	96 t
Abstützbasis	6,60 x 6,60 m
Maximale Auslegerlänge	146 m
Maximale Hublast	500 t
Maximaler Ballast Oberwagen	180 t

Der Terex-Demag AC 500-1 ist der optimale Kran zur Vormontage von Enercon-Windkraftanlagen mit Betonturm. Dem 500-Tonner der Firma Bruns wurden 140 t Ballast an den Oberwagen montiert. Das Betonteil am Haken vom Kran wiegt 59 t.

Mit dem wachsenden Turm für das Windrad wächst auch der Kran. An dem 56 m langen Teleskopausleger kann ein bis zu 90 m langer Wippausleger montiert werden.

Für eine Brücke an der A2 bei Dortmund hebt hier der AC 500-1 der Firma Bracht 70 t schwere Betonbinder. Der Terex-Demag AC 500-1 wurde zum Heben der Brückenteile mit Superlift ausgerüstet und mit 180 t ballastiert. Oben im Bild eine interessante Ansicht auf die Vorderfront mit der aufgestellten Abspannung.

Für Saudi Arabien wird einer von zwei Tanks (140 t schwer, 23 m lang, Durchmesser 6,30 m) im Hafen von Meppen an der Ems verladen.

Dem 96 t schweren Kran von der Firma Wagenborg wurden zum Hub der Tanks 140 t Ballast aufgelegt.

Bei den Dimensionen der 140 t wiegenden Tanks kam zum Terex-Demag AC 500-1 noch ein Grove GMK 6300 für die exakte Verladung zum Einsatz.

Der AC 500-1 von der Firma Wagenborg in Fahrstellung. Das Fahrzeug misst 17,15 m am Unterwagen, 19,29 m am über die Fahrerkabine abgelegten Teleskopausleger. Der achtachsige Kran kommt auf ein Gewicht von 96 t auf der Straße. Ursprünglich war dieser Kran bei einer deutschen Firma aus Rheinland-Pfalz im Einsatz.

Zur Bergung eines Lkws, der unfreiwillig einen Abhang heruntergefahren war, wartet der AC 500-1 von der Firma Autoklug auf einem Rastplatz der A9 kurz vor Leipzig auf die Einsatzfreigabe.

Um den Ballast des AC 500-1 von der Firma Klug an den Ort des Missgeschicks zu bekommen, gehörten auch diese Transportfahrzeuge zum Tross des Krans, zum einen ein DB 3553 8x4, 530 PS, mit sechsachsigem Faymonville-Hochsattelauflieger …

… zum anderen ein vierachsiger Goldhofer-Anhänger mit der Winde für den Wippausleger und Ballast, der von einem MAN 33.464 6x4 gezogen wird.

TEREX-DEMAG AC 500-2

Teleskop-Autokran

Technische Daten

Motor Unterwagen	610 PS
Motor Oberwagen	279 PS
Gewicht Kran bei Straßenfahrt	96 t
Abstützbasis	9,62 x 9,60 m
Maximale Auslegerlänge	146 m
Maximale Hublast	500 t
Maximaler Ballast Oberwagen	180 t

Am Nachfolger des AC 500-1 wurden zur Leistungsoptimierung Veränderungen an der Abstützung, der Drehverbindung und des Teleskopauslegers vorgenommen. Das macht sich nicht so sehr in der maximalen Tragkraft des Krans bemerkbar, umso mehr aber bei großen Hubhöhen oder weiten Ausladungen. Von einem wassergekühlten Achtzylinder-DC OM 502 LA mit 610 PS angetrieben, erstrahlt der im pfälzischen Zweibrücken gebaute Terex-Demag AC 500-2 hier in den Hausfarben der Firma Prangl aus Österreich.

An dem 56 m langen Teleskopausleger des 500-Tonners kann ein 90 m langer, wippbarer Hilfsausleger montiert werden, wobei der Grundballast von 100 t auf 180 t erhöht werden muss. Ein wassergekühlter Sechszylinder-Daimler Chrysler-OM 906 LA mit 279 PS sorgt im Oberwagen für die nötige Kraft der Bewegungen.

Der AC 500-2 mit einem dazugehörigen Ballastfahrzeug nach getaner Arbeit abgestellt in einem Windpark in der Nähe von Paderborn.

Ein Scania 164 G 6x4 mit 580 PS und einem vierachsigen Nooteboom-Hochsattelauflieger vom Typ OVB-73-04 für ein Gesamtgewicht von 73 t…

…wurde mit einem Teil des Zubehörs vom AC 500-2 für den Straßentransport beladen.

AC 500-2 der Firma Bracht aus Erwitte beim Aufbau des Krans in Hiltrup bei Münster. Die Vier-Punkt-Abstützträger wurden hydraulisch ausgeklappt und auf eine Abstützbasis von 9,62 x 9,60 m ausgefahren. Anschließend wurden 160 t Ballast für die Hubarbeiten am Oberwagen montiert. Der AC 500-2 verstärkt den Fuhrpark bei der Firma Bracht seit 2007.

AC 500-2 auf dem Weg zum nächsten Einsatz, eine Brücke in Herford.

Der Achtachser AC 500-2 kommt auf eine Unterwagenlänge von 17,15 m, mit über der Fahrerkabine abgelegtem Ausleger beträgt die Länge 19,29 m. Die erste, die zweite und die fünfte Achse sind angetrieben. Die dritte Achse lässt sich bei Bedarf zuschalten. Die erste bis vierte Achse und die sechste bis achte Achse sind gelenkt. Alle Achsen sind mit Reifen der Größe 14.00 R25 ausgerüstet.

Eines der Ballastfahrzeuge des AC 500-2 von der Firma Bracht aus der Niederlassung Duisburg, wo auch der Kran stationiert ist. Der DB 3553 zieht einen sechsachsigen ESGE-Hochsattelauflieger vom Typ 6 VON-25-60.4 H für ein Gesamtgewicht von 85 t. Das Gesamtgewicht des Zugs liegt bei 110 t.

Brückenbauarbeiten in Herford: AC 500-2 und AK 450.

115 t wiegt die Turbine am Haken des Terex-Demag AC 500-2 der Firma Steil-ATS beim Verladen im Hafen von Dillingen zum Weitertransport auf der Straße.

Umsetzen des 96 t schweren Krans für weitere Hubarbeiten im Dillinger Hafen.

Mit Unterstützung eines Terex-Demag AC 200 wird die 12,60 m lange, 5,12 m hohe und 5,75 m breite Turbine auf das bereitstehende Schwerlastfahrzeug verladen.

Eines der Ballastfahrzeuge zum Terex-Demag AC 500-2 der Firma Steil ist ein MAN TGA 33.530 mit gesatteltem Goldhofer-Fünfachs-Auflieger.

DEMAG AC 650

Teleskop-Autokran

Technische Daten

Motor Unterwagen	571 PS
Motor Oberwagen	279 PS
Gewicht Kran bei Straßenfahrt	108 t
Abstützbasis	12,20 x 12,36 m
Maximale Auslegerlänge	145,5 m
Maximale Hublast	650 t
Maximaler Ballast Oberwagen	160 t

Demag AC 650 der Firma KVN aus Osnabrück vor seinem ersten Einsatz.

Die Kraft zweier Krane waren nötig, um dieses 165 t schwere Mahlwerk für die Herstellung von Zement zur Verschiffung in Münster-Hiltrup zu verladen. Der AC 650 von KVN und der AC 700 von Bracht sorgen dafür, dass die vier Mahlwerke, gebaut in Neu-Beckum, ihren Bestimmungsort in den Vereinigten Arabischen Emiraten erreichen.

Aus Belgien kommt dieser AC 650, beheimatet in Wolweten bei der Firma Sarens. Der Kran hat eine Oberwagenlänge von etwa 20,65 m mit einteleskopiertem Ausleger über der Fahrerkabine. Somit kommt er auf ein Gewicht von 108 t. Der neunachsige Unterwagen hat eine Länge von etwa 18,64 m. Vier der neun Achsen sind angetrieben und acht sind gelenkt.

Die 3 m breite Low-Line-Kabine besitzt neben dem gefederten Fahrer- beziehungsweise Beifahrersitz ein höhenverstellbares Lenkrad und ein Armaturenbrett mit allen erforderlichen Bedien- und Kontrollelementen (oben links und unten). Die Steuerkabine vom Oberwagen wird zum Betrieb des Krans hydraulisch zur Seite geschwenkt (oben rechts).

Ein Teil des 160 t schweren Ballasts des AC 650, die Winde für die Wippspitze, Pkw und Zurüstteile verladen auf einem sechsachsigen Faymonville-Hochsattel-Auflieger.

Der sechsachsige Faymonville-Hochsattel-Auflieger wird gezogen von einem DAF 95 8x4x4 mit 430 PS.

Ein Ballastfahrzeug für den Demag AC 650 der Firma Nederhoff aus Holland. Zum Ziehen des Hochsattelaufliegers aus dem Hause Nooteboom wird ein MAN TGA 41.530 8x4x4 eingesetzt.

Nachdem die Firma Wagenborg aus Groningen den etwa 220 t schweren Tank von einer Stahlbaufirma aus Flechum zur Verladung nach Sedelsberg an den Küstenkanal zur Schiffsverladung gebracht hat …

…wird vom Aufbau- beziehungsweise Bedienpersonal des AC 650 und Demag AC 500 von der Firma Wagenborg erst einmal Körpereinsatz zum Aufbau der Krane gefordert.

Abgestellt am Universitätsklinikum Essen: AC 650 der Firma Mammoet aus Holland. Um auf das passende Transportgewicht von 108 t zu kommen, wurden dem Kran zwei der vier Abstützträger demontiert. Schon mehr als 50 Jahre baut Demag Gittermastautokrane, Raupen und Teleskopkrane. Das Spektrum reicht bei den Raupenkranen von 50 bis 1600 t Traglast. Bei den Gittermast-Autokranen stehen die Modelle TC 2500 und TC 2800-1 mit 450 beziehungsweise 600 t Traglast bereit. Seit Mai 2002 gehört der Zweibrückener Kranhersteller Demag zu Terex. Unter dem neuen Namen Terex-Demag bauen die Pfälzer Teleskop-Autokrane mit Traglasten bis zu 700 t.

Die Kranzurüstteile des AC 650 der Firma Mammoet werden auf einem sechsachsigen OVB-102-06 von Nooteboom transportiert, der wird gezogen von einer DAF 95XF-Zugmaschine mit 530 PS.

Für VW in Hannover ist das etwa 90 t schwere Pressenteil bestimmt. Zu sehen ist es hier bei der Verladung aus dem Frachtraum eines Schiffes zum Weitertransport auf der Straße im Nord-Hafen Hannovers am Mittellandkanal.

In Vorbereitung zur Errichtung einer Windkraftanlage: Demag AC 650 der Firma Steil in einem Windpark am Niederrhein. Zur Hublaststeigerung am angebauten Wippausleger kommt der Kran mit Mastabspannung zum Einsatz.

DEMAG AC 700
Teleskop-Autokran

Technische Daten

Motor Unterwagen	571 PS
Motor Oberwagen	279 PS
Gewicht Kran bei Straßenfahrt	108 t
Abstützbasis	12,20 x12,36 m
Maximale Auslegerlänge	145,5 m
Maximale Hublast	700 t
Maximaler Ballast Oberwagen	160 t

Der Demag AC 700 ist der um 50 t aufgelastete AC 650. Beide unterscheiden sich nur durch „leichte" Modifizierungen am Hauptausleger. Die Fotos zeigen den AC 700 der Firma AKV nach Hubarbeiten im Kanalhafen von Osnabrück.

Natürlich muss für diesen Kran auch der Ballast befördert werden. Das übernimmt in diesem Falle ein MAN 41.464 8x4x4 mit 460 PS, dem ein sechsachsiger Tieflader von ESGE aufgesattelt wurde.

AC 700 der Firma Wiesbauer bei Brückenbauarbeiten auf der A2 Dortmund/Hannover bei Dortmund-Mengede.

Unter voller Ausnutzung der Abstütz-Basis von 12,36 m x 12,20 m wurde der 108 t schwere Demag AC 700 mit 140 t Ballast für diese Arbeit versehen.

Mithilfe des Demag AC 350 von der Firma Wiemann aus Dortmund war das Ausheben der Brücke an einem Sonntagmorgen keine Herausforderung.

In Münster/Hiltrup teilen sich AC 700 von der Firma Bracht und LTM 1500 von der Firma Baumann die etwa 200 t eines Hochdruck-Vorwärmers für den Neubau eines Braunkohle-Kraftwerks in Neurath.

AC 700 der Firma Bracht nach getaner Arbeit auf dem Weg zur nächsten Baustelle.

Gut zu erkennen sind die Aufnahmen für zwei Stützträger, die zum Verfahren des Krans auf dem ES-GE-Hochsattelauflieger vom Typ 6. VON-25-60. 4H verladen werden. Die Demontage der Abstützträger sorgt dafür, dass der Kran sein zulässiges Fahrzeuggewicht von 108 t erreicht. Der Auflieger hat ein Gesamtgewicht von 85 t und wird gezogen von einem DB 3553 8x4 mit 530 PS.

Das zweite Ballastfahrzeug besteht ebenfalls aus einem DB 3553 und einem ES-GE-Auflieger, den man mit 60 t Ballast Zurüstteilen und Anschlagmitteln belädt.

DEMAG TC 2500

Gittermast-Autokran

Technische Daten

Motor Unterwagen	609 PS
Motor Oberwagen	420 PS
Gewicht Kran bei Straßenfahrt	96 t
Abstützbasis	14,00 x 14,00 m
Maximale Auslegerlänge	168 m
Maximale Hublast	450 t
Maximaler Ballast Oberwagen	160 t
Maximaler Ballast Schwebebühne	230 t

Linke Seite: Die Firma Enercon als Windrad-Hersteller besitzt zur Montage ihrer Windkraftanlagen einige interessante Krane wie zum Beispiel den hier vorgestellten Demag TC 2500, wobei der Unterwagen vom Demag TC 2800 stammt. Das 17,95 m lange Grundgerät kommt inklusive aller Winden im Oberwagen und A-Bock auf ein Gewicht von 96 t. Von den acht Achsen sind vier angetrieben sowie sieben gelenkt. Der Unterwagen hat damit einen Wenderadius von 15,5 m. Für die Fortbewegung auf der Straße sorgt ein Daimler Chrysler mit 609 PS und einer maximalen Fahrgeschwindigkeit von 70 km/h.

Wie sollte es auch anders sein, ein Demag TC 2500 bei der Montage einer Windkraftanlage vom Typ Enercon E 66 mit einer Nabenhöhe von 96 m. Der Flügelstern hat einen Durchmesser von 66 m und wiegt 35 t.

TEREX-DEMAG TC 2800
Gittermast-Autokran

Technische Daten

Motor Unterwagen	646 PS
Motor Oberwagen	530 PS
Gewicht Kran bei Straßenfahrt	92 t
Abstützbasis	14,00 x 14,00 m
Maximale Auslegerlänge	180 m
Maximale Hublast	600 t
Maximaler Ballast Oberwagen	200 t
Maximaler Ballast Schwebebühne	300 t

92 t bringt das achtachsige, 17,95 m lange Fahrzeug auf die Straße. Der 646 PS starke Daimler Chrysler-Motor treibt acht der 16 Räder an. Alle 16 Räder sind gelenkt. Der Terex-Demag TC 2800 der Firma Kran Ringen Wind aus Dänemark nach der Montage von vier Windkraftanlagen in Hamm.

Zur Montage der Windkraftanlagen wurden dem TC 2800 200 t Gegengewichte am Oberwagen angebaut.

TEREX-DEMAG TC 2800-1

Gittermast-Autokran

Technische Daten

Motor Unterwagen	571 PS
Motor Oberwagen	516 PS
Gewicht Kran bei Straßenfahrt	92 t
Abstützbasis	14,00 x 14,00 m
Maximale Auslegerlänge	180 m
Maximale Hublast	600 t
Maximaler Ballast Oberwagen	200 t
Maximaler Ballast Schwebebühne	300 t

„Schwerstarbeit" bei archäologischen Ausgrabungsarbeiten im Bonner Regierungsviertel. Dabei wurde der TC 2800/1 der Firma Steil für das Ausheben von Segmenten eines römischen Bades in einer Baugrube aufgebaut. Für das behutsame Heben der Teile des altrömischen Bades musste der TC 2800/1 mit 160 t Ballast am Oberwagen bestückt werden.

Der Super-Lift mit zusätzlichen 70 t Ballast wurde nur zum Anheben des zum Teil noch mit dem Erdreich verbundenen, etwa 80 t schweren Fundstücks benötigt.

Der Unterwagen mit seiner Low-Line-Kabine, hinter der ein Daimler Chrysler-Motor mit 571 PS vier der acht Achsen antreibt. Alle 16 Räder mit der Bereifung 14.00 R25 sind gelenkt.

Unter Ausnutzung der vollen Abstütz-Basis von 14 x 14 m steht der Kran sicher auf dem Boden der Baugrube.

TEREX TC 8000

Gittermast-Autokran

Technische Daten

Motor Unterwagen	571 PS
Motor Oberwagen	516 PS
Gewicht Kran bei Straßenfahrt	92 t
Abstützbasis	14,00 x 14,00 m
Maximale Auslegerlänge	180 m
Maximale Hublast	600 t
Maximaler Ballast Oberwagen	200 t
Maximaler Ballast Schwebebühne	300 t

Warum man hier aus dem Terex-Demag 2800/1 einen Terex 8000 gemacht hat, konnte leider nicht in Erfahrung gebracht werden, da auf der Baustelle nur Französich gesprochen wurde und auch das Internet nichts Brauchbares dazu hergab.

Der achtachsige TC 8000 der Firma Dufour beim Umsetzen des Krans auf einer Windkraftbaustelle nahe Hildesheim. Der Antrieb im Unterwagen kommt aus einem DC OM 502 LA mit 571 PS. Vier der acht Achsen sind angetrieben, alle 16 Räder werden gelenkt. Die 16 Räder sind mit Reifen der Größe 14.00 R25 ausgerüstet.

Im Fahrbetrieb kommt der Kran auf ein Gewicht von 92 t, da werden im Oberwagen drei Winden mitgeführt. Das Gewicht kann durch den Ausbau der Winden 1 und 2 auf 80 t reduziert werden und um weitere 3 t mit der Demontage des A-Bocks. Um noch geringere Achslasten vor allem im Ausland realisieren zu können, kann der Oberwagen durch eine Schnellverbindung vom Unterwagen getrennt werden. Der Unterwagen wiegt dann noch 36,6 t. Durch die Schnellverbindung, die sogenannte Quick Connection „OC“, erreicht der fahrbereite Kran eine Höhe von 4,20 m gegenüber des sonst nur 4 m hohen TC 2800-1.

Die Oberwagenkabine, in der der Kranfahrer alle Kranbewegungen über zwei elektronische Steuerungshebel und alle Betriebszustände über einen Touchscreen kontrolliert. Die Kabine ist zur Sichtverbesserung nach hinten neigbar. Zur Überwachung der Winden im Oberwagen ist ein Kamerasystem installiert.

Mit 80 t Ballast vom TC 8000 wurde das Gespann von Scania 124 G 6x4 mit 420 PS und Nooteboom OVB-73-04 Hochsattelauflieger beladen.

DEMAG TC 3200

Gittermast-Autokran

Technische Daten

Motor Unterwagen	545 PS
Motor Oberwagen	290 PS
Gewicht Kran bei Straßenfahrt	83,3 t
Abstützbasis	15,50 x 15,50 m
Maximale Auslegerlänge	185 m
Maximale Hublast	800 t
Maximaler Ballast Oberwagen	148,2 t
Maximaler Ballast Schwebebühne	250 t

Das 18 m lange Grundgerät des Demag TC 3200 wird durch einen Daimler Benz-Dieselmotor mit 545 PS angetrieben. Eine Kombination aus Drehmomentwandler und Schaltkupplung von ZF (WSK 400): ein 16-Gang-Synchronschaltgetriebe, das seine Kraft an ein Verteilergetriebe mit sperrbarem Differential an vier der sieben Achsen abgibt.

Hoffentlich geht es nur geradeaus! Der Hauptausleger des Demag TC 3200 besteht aus dem 3,50 m langen Fußstück, dem Fußanschlussstück mit 5,85 m (vorbereitet zum Einbau zweier Winden), den Zwischenstücken mit 6 m und 12 m, dem Reduzierstück mit 6,15 m und der Universalspitze mit 8,50 m. Hier wurden zwei 12 m lange Gittermastteile auf einem sechsachsigen Nooteboom OVB-102-06 mit 85 t Nutzlast verladen, gezogen von einem MAN 41.462 8x4x4 mit 460 PS.

Für die Erweiterung einer Papierfabrik im sauerländischen Meschede musste ein etwa 70 t schwerer Glättezylinder durch das Dach der Werkshalle gehoben werden.

An einer Baustelle in der Nähe von Paderborn wurde der TC 3200 von der Firma Fahrenholz mit einem 90 m langen Ausleger zum Aufbau einer Windkraftanlage versehen.

Auch die Firma Breuer MaxiMum hatte einen Demag TC 3200 in ihrem Fuhrpark. Auf diesem Foto gut zu sehen ist die Sternabstützung mit auf 15,50 x 15,50 m austeleskopierten Stützträgern, hier bei einem der seltenen Einsätze mit dem zusätzlichen Wippausleger.

Bei diesem TC 3200 wurde der Grundballast von 148,2 t am Oberwagen um 20 t erhöht.

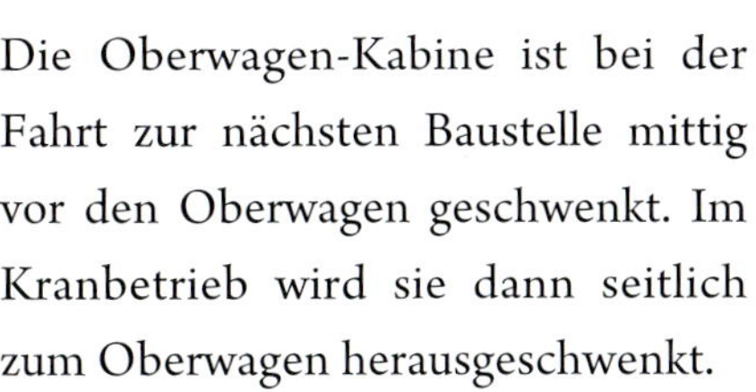

Die Oberwagen-Kabine ist bei der Fahrt zur nächsten Baustelle mittig vor den Oberwagen geschwenkt. Im Kranbetrieb wird sie dann seitlich zum Oberwagen herausgeschwenkt.

Schwarz und Gelb sind die Vereinsfarben der Fußballer aus Dortmund, wo der Demag TC 3200 für die Erweiterung der Zuschauertribünen einen neuen Dachträger einhebt.

Hier noch einmal der blau-weiße 800-Tonner nur mit der Firmenbeschriftung der Firma Brandt Berlin.

TEREX-DEMAG CC 2200
Gittermast-Raupenkran

Technische Daten

Maximale Hublast	350 t
Motor Oberwagen	353 PS
Spurbreite	8,45 m
Maximaler Ballast Oberwagen	140 t
Zentralballast	40 t
Super-Lift-Ballast	200 t
Maximale Auslegerlänge	168 m

Auf dem Weg nach Hamburg ist das auf dem Tieflader verladene Grundgerät des Terex-Demag Gittermast-Raupenkrans CC 2200. Von dort wird es dann per Hochsee-Schiff weiter nach Shanghai gehen. Zum Transport des 59,6 t schweren Grundgerätes setzt der Schwertransport-Spezialist, die Firma W. Mayer, eine Kombination aus neun Scheuerle-Intercombi-Achsen und einem MAN FE 600 A 8x4 mit 600 PS ein. Auf der Baustelle kommt der Kran bei einem Rüstzustand mit 100 t Gegengewicht, 24 m Hauptausleger und Unterflasche auf ein Gewicht von 229 t.

TEREX-DEMAG CC 2800
Gittermast-Raupenkran

Technische Daten

Maximale Hublast	600 t
Motor Oberwagen	530 PS
Spurbreite	9,90 m
Maximaler Ballast Oberwagen	180 t
Zentralballast	60 t
Super-Lift-Ballast	300 t
Maximale Auslegerlänge	180 m

Ulferts & Wittrock bei der Abfahrt mit dem Oberwagen des Raupenkrans Terex-Demag CC 2800 aus einem Windpark bei Meschede im Sauerland. Der Oberwagen kommt mit vier Winden, A-Bock und Rückfallstützen auf ein Gewicht von 55 t.

TERREX-DEMAG CC 2800-1

Gittermast-Raupenkran

Technische Daten

Maximale Hublast	600 t
Motor Oberwagen	516 PS
Spurbreite	9,90 m
Maximaler Ballast Oberwagen	180 t
Zentralballast	60 t
Super-Lift-Ballast	300 t
Maximale Auslegerlänge	180 m

Im Windpark Madfeld an der B7 zwischen Brilon und Marsberg im Sauerland montiert der Terex-Demag CC 2800-1 Raupenkran der Firma Maxikraft den Flügelstern einer Enercon E82 Windkraftanlage mit dem Gewicht von etwa 37,5 t auf eine Nabenhöhe von 98 m.

Nach getaner Arbeit in Madfeld wurde das Grundgerät des Terex-Demag CC 2800-1 mit seinen etwa 82 t auf einen Tieflader der Firma Kranlogistik Lausitz verladen. Der siebenachsige Goldhofer-Auflieger wird von einer MAN 41.604 8x4 mit 600 PS gezogen. Der Daimler Chrysler-Dieselmotor des Terex-Demag Raupenkrans mit seinen 516 PS sorgt für die nötige Kraft, um die Hubwerke im Oberwagen und die Raupenfahrwerke zu bewegen.

Das 44 t schwere Raupenfahrwerk mit seinen 1,50 m breiten Bodenplatten an der Raupenkette wurde auf einem sechsachsigen Hochsattelauflieger verladen, der von einer MAN TGA gezogen wird.

Rechte Seite: Die Fotos des Demag Raupenkrans CC 2800-1 der Firma Prangl entstanden in Hilchenbach/Siegerland bei der Vorbereitung zur Montage von fünf Windrädern Modell E82 von Enercon mit einer Nabenhöhe von etwa 138 m. Zur Montage der Windkraftanlagen wird der Demag Raupenkran mit Super-Lift-Einrichtung betrieben, zusätzlich wurde die CC 2800-1 mit 60 t Zentralballast und 160 t Ballast am Oberwagen versehen.

PRANGL

PRANGL
www.prangl.at

www.prangl.at
PRANGL
www.prangl.at

sarens

Linke Seite: CC 2800-1 der Firma Sarens, fotografiert vor der beeindruckenden Kulisse der Kraftwerkbaustelle Neurath. Im Hintergrund die beiden markantesten Bauteile, die 173 m hohen Gebäude für die Dampferzeuger.

Links: Gleich zwei Demag CC 2800-1 waren nötig, um den 455 t schweren Generator im Krefelder Rhein-Hafen aus einem Schiff zur Weiterbeförderung mit der Bahn zu heben. Der 14 m lange, 1100 MW starke Generator kommt auf einen Durchmesser von 5,2 m und ist einer von zwei für den Kraftwerk-Neubau Neurath.

Firma Bracht mit Terex-Demag Raupenkran CC 2800-1 in einem Windpark bei Magdeburg beim Errichten von Betontürmen für umweltschonende Windenergie.

TEREX-DEMAG CC 6800
Gittermast-Raupenkran

Technische Daten

Maximale Hublast	1250 t
Motor Oberwagen	2 x 428 PS
Spurbreite	9,60 m
Maximaler Ballast Oberwagen	170 t
Zentralballast	80 t
Super-Lift-Ballast	450 t
Maximale Auslegerlänge	204 m

Terex-Demag CC 6800 der Firma Sarens aus Belgien beim Heben eines etwa 100 t schweren Turmsegments einer Windkraftanlage in Bremerhaven.

Durch ein neues Mastsystem mit dem Querschnitt von 3,50 x 3,50 m wurde aus dem Terex-Demag Raupenkran CC 5800, mit Mastquerschnitt 3,00 x 3,00 m, der Raupenkran Terex-Demag CC 6800 mit der enormen Hubleistung von 1250 t. Zwei Motoren im Oberwagen von Daimler Chrysler mit je 428 PS sorgen dafür, dass der Kran in jedem Rüstzustand über genug Kraftreserven verfügt. Um den Kran auf einer Baustelle mit einem 36 m langen Hauptausleger und 170 t Ballast sowie der Unterflasche aufbauen zu können, müssen 528 t Kranzubehör zum Einsatzort transportiert werden.

Das Baukastenprinzip des Gittermastes lässt eine Unmenge an Varianten von Rüstzuständen zu. So können Hubhöhen von bis zu 200 m erreicht werden. Bei dieser Höhe kann der Terex-Demag Raupenkran noch Lasten bis 59,4 t bei einer Ausladung von 34 m heben.

5000

TEREX-DEMAG CC 8800

Gittermast-Raupenkran

Technische Daten

Maximale Hublast	1250 t
Motor Oberwagen	2 x 516 PS
Spurbreite	10,50 m
Maximaler Ballast Oberwagen	280 t
Zentralballast	100 t
Super-Lift-Ballast	640 t
Maximale Auslegerlänge	216 m

Demag CC 8800 der Firma Sarens und Demag CC 2800 der Firma Bracht beim Einheben eines 250-t-Ring-Generators in Emden. Der Ring-Generator wird in einer Höhe von 124 m montiert und gehört zu einer der weltgrößten Windanlagen (Typ Enercon E-112, Nennleistung 45 000 kW).

Die Spurbreite der beiden Kettenlaufwerke beträgt 10,50 m. Beide Laufwerke besitzen 2 m breite Bodenplatten zur optimalen Verteilung des Bodendrucks.

Im Technikraum hinter der Steuerkabine befinden sich nicht nur die beiden 516 PS starken Daimler Chrysler-Motoren, sondern auch ein Stromerzeuger für den Bordverbrauch mit Wechselspannung (zum Beispiel für Flutlicht und Klimaanlage der Kabine).

Auf diesem Foto ist ein Teil des Oberwagens und des Zentralballasts, der bis zu 320 t betragen kann, gut zu sehen.

In etwa 6 m Höhe befindet sich die „riesige" Steuerkabine der Fahrer.

Eine Woche später war ich wieder in Emden, um mir den Abbau vom Demag CC 8800 nach den Hubarbeiten anzuschauen. Bei meinem Eintreffen auf der Baustelle war der Kran schon so weit zurückgebaut, dass ich passend zur Demontage der Kettenlaufwerke meine Kamera aus dem Auto holen konnte. Zur Demontage der 91 t schweren Laufwerke kam die CC 600 der Firma Bracht aus Erwitte und ein bis zu 250 t hebender AC 665 der Firma Enercon zum Einsatz.

Da der nächste Einsatzort des Raupenkrans nur einige hundert Meter entfernt war, konnten die Fahrwerke auf zwölfachsigen Selbstfahrern von der Firma Sarens befördert werden.

Nachdem beide Kettenlaufwerke abgebaut und verladen waren, wurden die Selbstfahrer-Module parallel gekoppelt. Zusätzlich kam noch der Ballast vom CC 600 mit 40 t und ein kleiner Teil Ballast vom CC 8800 mit 40 t hinzu. So war die erste Tour mit etwa 265 t unterwegs.

Der Rest vom CC 8800 wurde mit der nächsten Tour der Transportfahrzeuge zum neuen Standort gebracht.

TEREX-DEMAG CC 8800-1

Gittermast-Raupenkran

Technische Daten

Maximale Hublast	1600 t
Motor Oberwagen	2 x 516 PS
Spurbreite	10,50 m
Maximaler Ballast Oberwagen	295 t
Zentralballast	60 t
Super-Lift-Ballast	640 t
Maximale Auslegerlänge	216 m

Daten zum Eon-Kraftwerk Datteln 4: In Datteln wächst 2008 das Kraftwerk „Eon 4" heran, auf der zweitgrößten Baustelle in NRW. Größte Baustelle in diesem Jahr ist das Kraftwerk Neurath. Das 1100-MW-Kohlekraftwerk entsteht auf einer Fläche von 64 ha im Osten Dattelns auf der Stadtgrenze zu Waltrop. Datteln 4 geht 2011 als Monoblockanlage mit einer Bruttoleistung von 1100 MW in Betrieb und ersetzt die Blöcke 1 bis 3. Neben der Erzeugung von Strom mit einer Frequenz von 50 Hertz für die öffentliche Versorgung wird ein Teil der erzeugten elektrischen Energie über Umrichter in Bahnstrom 16,7 Hertz umgewandelt und in das Netz der Deutschen Bahn eingespeist.

Terex-Demag Raupenkran CC 8800-1 auf der Kraftwerk-Baustelle Datteln 4. Dem Terex-Demag CC 8800-1 (gelb-weißer Gittermast) wurde ein Terex-Demag CC 2800 (gelb-roter Gittermast) zur Unterstützung für „leichte" Hubarbeiten zur Seite gestellt.

Dieses Foto verdeutlicht sehr gut den Größenunterschied zwischen den beiden Raupenkranen der Firma Sarens an der Baustelle am Datteln-Hamm-Kanal.

1600 t Traglast bei 11 m Ausladung am 48 m langen Hauptausleger schafft die CC 8800-1. Dazu wird der Oberwagen mit 295 t, der Schwebeballast mit 640 t versehen. 60 t Zentralballast werden montiert.

Weitere Bücher unseres Verlages

Fordern Sie unser Gesamtverzeichnis an, das wir Ihnen kostenlos und unverbindlich liefern mit Büchern über Autos, Motorräder, Lastwagen, Traktoren, Feuerwehrfahrzeuge, Baumaschinen und Lokomotiven:

Verlag Podszun Motorbücher GmbH
Elisabethstraße 23–25, 59929 Brilon
Telefon 02961-53213, Fax 02961-9639900
Email info@podszun-verlag.de
www.podszun-verlag.de

Die weit zurückreichende Geschichte von Magirus wird in diesem Buch anhand aller Lastwagentypen porträtiert.

256 Seiten, 710 Abbildungen
28 x 22 cm, fester Einband
Bestellnummer 388 EUR 44,90

Aufstieg und Fall der berühmten Marke mit sämtlichen Lastwagentypen, allen Daten und Maßzeichnungen.

240 Seiten, 680 Abbildungen
28 x 22 cm, fester Einband
Bestellnummer 157 EUR 44,90

Die Geschichte von Büssing von den Anfängen 1903 bis zur Übernahme von MAN. Mit allen Modellreihen.

240 Seiten, 770 Abbildungen
28 x 22 cm, fester Einband
Bestellnummer 119 EUR 39,90

Gittermast-Autokrane, Teleskop-Autokrane und Raupenkrane dieses populären deutschen Herstellers in spektakulären Einsätzen.

160 Seiten, 420 Abbildungen
28 x 21 cm, fester Einband
Bestellnummer 495 EUR 29,90

Chronik des bekannten Bau- und Speditionsunternehmens von 1926 bis zur Aufgabe in den achtziger Jahren.

160 Seiten, 420 Abbildungen
28 x 21 cm, fester Einband
Bestellnummer 497 EUR 29,90

Eine komplette Dokumentation aller vierachsigen MAN TGA mit spannenden Einsatzfotos und technischen Daten.

144 Seiten, 370 Abbildungen
28 x 21 cm, fester Einband
Bestellnummer 472 EUR 24,90

Alle Borgward Lastwagen und Omnibusse und speziell die Sonderaufbauten werden erstmals gezeigt und beschrieben.

220 Seiten, 550 Abbildungen
28 x 21 cm, fester Einband
Bestellnummer 456 EUR 39,90

Rund 270 MAN-Großfahrzeuge im Einsatz. Mit ausführlichen Beschreibungen und technischen Daten.

144 Seiten, 310 Abbildungen
28 x 21 cm, fester Einband
Bestellnummer 359 EUR 29,90

Die gewohnt informativen Texte von H.-H. Cohrs und viele seltene Abbildungen beschreiben den Unimog im Baueinsatz.

208 Seiten, 490 Abbildungen
28 x 21 cm, fester Einband
Bestellnummer 390 EUR 29,90

Hier geht es zur Sache mit Kranhaken, Mehrschalengreifern, Abrissbirnen, Schrottscheren und Baggern, Raupen, Radladern ...

128 Seiten, viele Abbildungen
29 x 21 cm, fester Einband
Bestellnummer 458 EUR 19,90

Die Chronik dieses 75jährigen Unternehmens, dass in den 50er Jahren zusammen mit Kässbohrer den ersten Autokran baute.

170 Seiten, 420 Abbildungen
28 x 21 cm, fester Einband
Bestellnummer 493 EUR 29,90

Die Geschichte der Nutzfahrzeuge dieses riesigen Unternehmens, spannend geschildert, vorzüglich illustriert.

144 Seiten, 255 Abbildungen
28 x 21 cm, fester Einband
Bestellnummer 285 EUR 24,90

Darstellung der vielen Fahrzeugtypen, die fast immer speziell nach Kundenwünschen gebaut werden.

176 Seiten, 470 Abbildungen
28 x 21 cm, fester Einband
Bestellnummer 409 EUR 29,90

HACO-Transport GmbH, Großschneeschleudern, Gergen und Jung, Erinnerungen eines Fuhrmanns, Hungarocamion

144 Seiten, 325 Abbildungen
24 x 17 cm, Leinenbroschur
Bestellnummer 500 EUR 14,90

Großbaustelle Goldenberg, Nicolas Tractomas D 100, Trafo-Transport in England, Kenworth Spezialfahrzeuge u.a.

144 Seiten, 305 Abbildungen
24 x 17 cm, Leinenbroschur
Bestellnummer 505 EUR 14,90

Mulag Fahrzeugwerk, Generalvertretung Mayer, Uniknick-Forstschlepper, MB-trac bei Mändle, Miniaturen u.a.

144 Seiten, 290 Abbildungen
24 x 17 cm, Leinenbroschur
Bestellnummer 504 EUR 14,90

Fendt Agrobil S, Hoffmann-Straßenschlepper, Tragschlepper der 50er und 60er, Lanz Eil-Bulldog, Heizlampen u.a.

144 Seiten, 280 Abbildungen
24 x 17 cm, Leinenbroschur
Bestellnummer 499 EUR 14,90

Die besten Bilder von den spannendsten Transporten aus dem Archiv von Thorge Clever werden gezeigt und beschrieben.

144 Seiten, 380 Abbildungen
28 x 21 cm, fester Einband
Bestellnummer 476 EUR 24,90

Eine Fundgrube für Liebhaber von Nutzfahrzeugen und ein Standardwerk für alle, deren Hobby die Forsttechnik ist.

144 Seiten, 360 Abbildungen
28 x 21 cm, fester Einband
Bestellnummer 471 EUR 24,90

Gottwald-Historie, Dampfwinden, Rammen, stationäre und nichtstationäre Krane, Bagger, Eisenbahn-, Fahrzeug- und Gittermastkrane.

357 Seiten, 1415 Abbildungen
28 x 21 cm, fester Einband
Bestellnummer 421 EUR 49,90

Band 2: Hydrogeräte, Teleskopkrane, Sondergeräte, Spezialfahrzeuge, Gelände- und Feuerwehrkrane.

357 Seiten, 940 Abbildungen
28 x 21 cm, fester Einband
Bestellnummer 422 EUR 49,90

Die besten Fotografien aus Wolfgang Weinbachs riesiger Sammlung zeigen mehr als 100 Jahre Gottwald-Geschichte.

160 Seiten, 480 Abbildungen
28 x 21 cm, fester Einband
Bestellnummer 474 EUR 29,90

Besondere Einsätze und technische Highlights aus der Geschichte der Einzelfirmen sowie den zehn gemeinsamen Jahren.

160 Seiten, 500 Abbildungen
28 x 21 cm, fester Einband
Bestellnummer 480 EUR 29,90

Die auch häufig in Deutschland anzutreffenden aufsehenerregenden Fahrzeuge von Herstellern aus den Niederlanden.

144 Seiten, 290 Abbildungen
28 x 21 cm, fester Einband
Bestellnummer 439 EUR 24,90

Außergewöhnliche Schwertransporte und Einsätze von Großkranen der Firmen Liebherr, Demag und Gottwald.

144 Seiten, 276 Abbildungen
29 x 21 cm, fester Einband
Bestellnummer 314 EUR 19,90

Schwere Zugmaschinen mit riesiger Ladung unterwegs in Deutschland und in anderen Teilen der Erde.

136 Seiten, 298 Abbildungen
28 x 21 cm, fester Einband
Bestellnummer 263 EUR 19,90

Rottne, Pfanzelt, HSM, Burger, Kockums, Komatsu, Ponsse, Valmet, Atlas-Kern, Pinox Oy, Caterpillar, Terex Fuchs u.a.

160 Seiten, 420 Abbildungen
28 x 21 cm, fester Einband
Bestellnummer 453 EUR 29,90

Skogsjan, Caterpillar, Eco Log, MHT, LogMax, Welte, Log Set, Kotschenreuther, Timberjack, John Deere, Hitachi, Valmet u.a.

160 Seiten, 480 Abbildungen
28 x 21 cm, fester Einband
Bestellnummer 454 EUR 29,90